LET'S FINGER KNITTING !

LET'S
FINGER
KNITTING
!

免工具！

手指就能編織的
可愛實用小物

手指編織的
優點

聽過手指編織嗎？

不使用鉤針和棒針，而是以自己的手指取代，

並且以此來編織完成織物。

手指編織因為大多使用粗線材進行編織，

因此應該會為完成的速度之快而感到驚訝。

只要將直線編織的織片拼接在一起，

即使是圍巾、帽子和包包之類稍微複雜的形狀也能作出。

肯定比想像中的作法更加簡單。

只要參照示意圖和圖解步驟，一下子就能完成。

無論是剛開始玩編織的初學者，還是想要短時間內完成作品的人，

並且從小朋友到年長的長者，

只要有毛線，不管是誰都可以馬上開始編織。

若是尋得喜歡的毛線不妨開始動手，一起來編織看看吧！

CONTENTS

來聊聊線材吧…4

開始編織前的準備工作…6

莉莉安編織

流蘇圍巾…12

三股編圍巾…13

披肩…16

髮圈…18

胸花…19

毛球帽…22

花朵坐墊…26

繞啊繞啊的圍脖…28

平面編

雙色圍巾…36

雙色披肩…37

迷你小包…40

圈圈連接的圍巾…44

抱枕套…46

起伏編

圍脖…54

手套…56

螺旋狀的甜甜圈圍巾…58

膝上毯…60

完成尺寸可視為基準。但根據編織者的手指粗細與
製作時的線材鬆緊，尺寸也會有所不同。

YARN
來聊聊線材吧

在各種粗細和質感的線材中，
哪種線材比較適合手指編織呢？
請將下列要點當作選購線材時的參考吧！

線材粗細

毛線的粗細分為極細、合細、中細、合太、並
太、極太和超極太等許多類型，但手指編織比
較適合極太以上的粗線材。除了容易編織，完
成的作品也會呈現針目緊密漂亮的模樣。

△ 細線

○ 粗線

實際編織比較
看看……

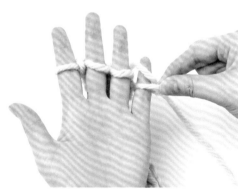

細線

織線會滑落至指間下方，
沒有辦法順利編織。完成
的織目也有著醒目的空洞
感而不甚整齊。如果想使
用細線編織時，請取兩股
線進行編織吧！使用兩股
線合起來的雙線編織，就
能夠增加織片的份量。

★取兩股線編織的作法見P.63

粗線

能夠以手指順利編織，越
粗的線材越好編，同時也
能盡早完成。可以輕易織
出整齊的針目，略為蓬鬆
的感覺呈現漂亮的成品。

線 材 種 類

以下介紹本書使用的線材種類。
Yarn為紗線的意思。

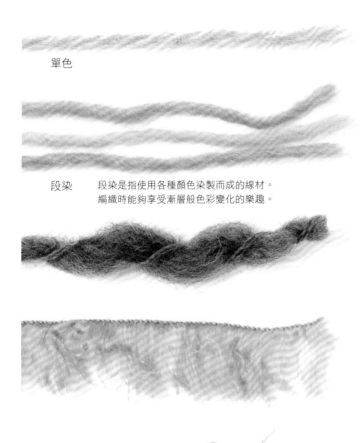

單色

段染　段染是指使用各種顏色染製而成的線材。
　　　編織時能夠享受漸層般色彩變化的樂趣。

直線紗 Straight Yarn

粗細和撚製方式固定，為最正統的線材。
不僅容易編織，針目也容易辨識，十分推薦
剛開始接觸編織的新手使用。

粗紡紗 Roving Yarn

撚製程度較直線紗更加疏鬆的線材，包括近
似毛條的冰島毛線。能完成蓬鬆柔軟的織片。

竹節紗 Slub Yarn

Slub為粗細不均勻的意思。線材的特色就是
粗細分布不均，有著或粗或細的變化。而成
品則是會因為粗線部分呈現凹凹凸凸的有趣
模樣。

皮草紗 Fur Yarn

特徵是線上綴有細長的長鬚。編織後能作出
飄逸華美的成品。有著即使針目不整齊也不
明顯的優點，但是也因此不容易分辨針目，
所以不太適合需要拼接織片的作品。

花式紗 Fancy Yarn

將不同色彩、材質、粗細的線材組合，撚製
而成。多為具有獨特風格的線材，製作時
不妨作為配線加入，享受線材的特色也不錯
呢！

選擇織線是令人感到愉快的時間。
在店裡選購時，最重要的是先拿起
來看看。
圍巾、披肩等直接接觸肌膚的織
品，要挑選摸起來柔軟舒適的線
材。抱枕和坐墊等想要經久耐用的
製品，就使用壓克力的結實線材，
依用途來考慮挑選，就能作出符合
需求，可以長伴身旁的織物。
此外，即使是織法相同的手指編
織，依照編織者的手指粗細和編織
時的力道鬆緊，完成的尺寸仍會有
所不同。所以請將完成尺寸視為參
考基準，享受製作的樂趣吧！

開始編織前的準備工作

本頁將開始製作時，需要確認的共通部分整理出來。
編織之前，請務必仔細閱讀。

〔 織線抽取方式 〕

上
標籤
下

1 線球被標籤包住，因此能夠以標籤的方向來辨別線球的上下。

2 手指從線球頂端伸入，拉出中心的線團。

3 從線團中找到織線的線頭。從這邊開始編織。

〔 接線方式 〕　織線長度不足，或編織途中想要改變顏色時的方法。

1 在織線末端綁上新線。

2 繼續編織。

3 將打結的部分藏入織片中。如此一來就看不出連接處。

〔 想要中途暫停編織時 〕

編織時，織線會一直掛在手指上。
為了方便中途暫時拿下線材，事先作好卡片比較安心。

2cm
10cm
厚紙板
8cm

1 準備裁成手指形狀的厚紙板。

2 從食指開始，按順序將織線移到卡片上。

3 要繼續編織時，將織線從卡片移到手指上即可開始作業。

可以織成
筒狀喔！

莉莉安編織

曾經有過使用玩具的莉莉安編織器
來編織長繩的經驗嗎？
就算沒有編織器，
只要將織線掛在手指上繞線編織，
就能完成一樣的莉莉安編織喔！
將編織成長條狀的織片接合，
即可作出圍巾和帽子等，
各式各樣形狀的小物。

1

在手指上掛線

1　織線在左手大拇指上打單結。

2　線球端依序經過食指前面、中指後面、無名指前面和小指後面。

3　繞至小指前面之後，將織線往回繞。

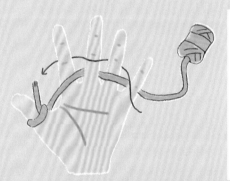

4　如圖示反方向繞回，依無名指後面、中指前面、食指後面的順序掛線。

5　掛線完成。

2

編織第一段

1　將線球端拉直，橫放在掛線的4隻手指上。

2　拉住掛在食指上的線。

3 拉起織線穿過手指，將線翻至手指後方。

4 編好食指織線的模樣。

POINT

為了避免織線編得過緊，稍微拉鬆來進行編織吧！

5 以相同作法依序拉起掛在中指、無名指和小指的織線，翻至手指後方。

6 完成第一段的編織。

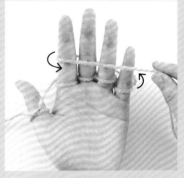

7 線材從手指後方繞回前面，橫放在手指掛線的上方。重複步驟 1 至 7 進行編織。

編織
必要段數

1 編織幾段後，即可鬆開拇指的織線。將編好的織片垂在手背後方，織線同樣由後方繞至前方編織。

2 編織必要段數後開始收尾。留下20cm左右的線段後，剪斷織線。

4

編織終點的 收尾

1 將線頭穿入掛在手指上的織線。

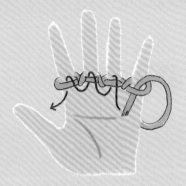

2 如圖示從小指到食指，依序由上往下繞線穿入。

3 穿過食指之後，取下掛在手指上的織線。

4 從編織起點開始，按順序拉緊織片。拉緊時，編織中繞過手背的渡線會消失，並且形成筒狀的模樣。

5 完成莉莉安編織。

5

處理線頭 進行藏線

無論是處理線頭還是拼接織片時，擁有一根毛線縫針都會很方便。在此介紹的，是使用膠帶替代毛線針的方法。

1 線頭以透明膠帶捲起，將前端作成細而堅硬的模樣。

2 將線頭穿入織片內側。

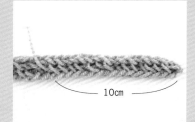

3 穿入約10cm，接著穿至織片外側。

4 剪掉多餘的線段。

5 另一端的線頭也以相同作法處理。

 織片的拼接方式

為了容易理解，拼接的織線特意使用不同顏色來示範。

1 將針目一對一段進行捲針縫，拼接兩條織片。

2 縫線穿針，分別挑起兩織片第一段的針目，穿針拉線。

3 為了加強起始的連接處避免鬆開，在同一處針目重覆加縫一針。

4 一對一段挑起針目，以縫線連接，進行捲針縫。

5 最後一段同樣為了避免縫線鬆開，在同一針目縫兩次。線頭穿入織片中收尾即可。

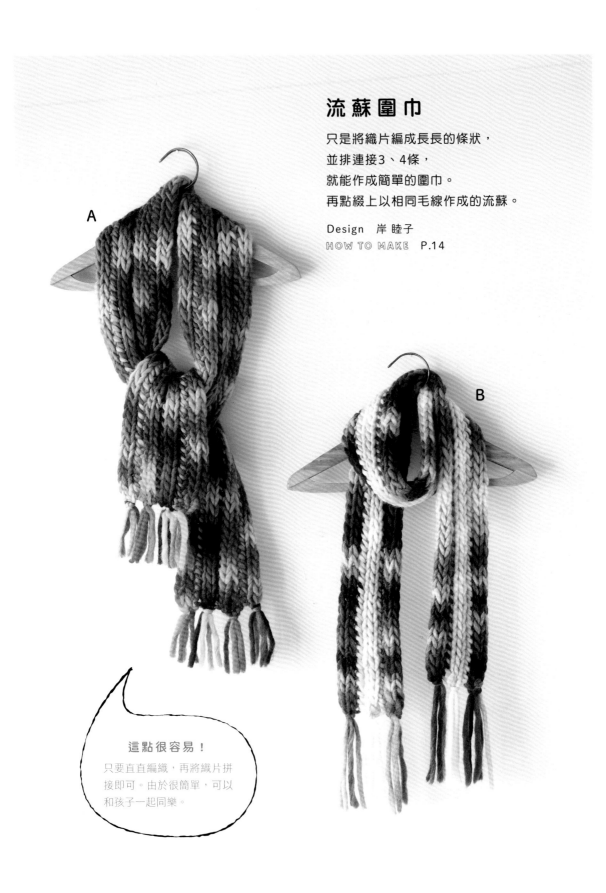

流蘇圍巾

只是將織片編成長長的條狀，
並排連接3、4條，
就能作成簡單的圍巾。
再點綴上以相同毛線作成的流蘇。

Design 岸 睦子
HOW TO MAKE P.14

A

B

這點很容易！

只要直直編織，再將織片拼
接即可。由於很簡單，可以
和孩子一起同樂。

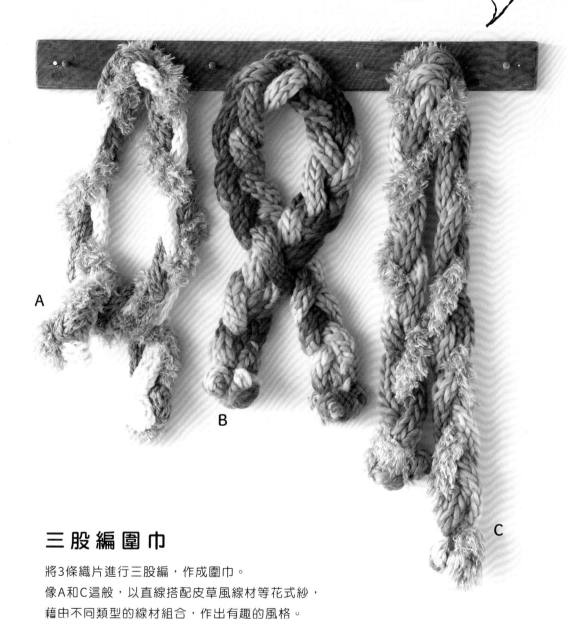

這點很容易！

請注意圍巾的兩端。織片打單結成
為圓球來固定，同時也完成了線頭
的收尾，是一石二鳥的好方法。

A

B

C

三股編圍巾

將3條織片進行三股編，作成圍巾。
像A和C這般，以直線搭配皮草風線材等花式紗，
藉由不同類型的線材組合，作出有趣的風格。

Design　岡本真希子
HOW TO MAKE　P.15

流蘇圍巾 P.12

毛線

A 線材名稱：Ski Bambi（50 g ／束）
　色號：藍色系段染線（607）
　　　　橘色系段染（621）各85 g
B 線材名稱：Ski Bambi（50 g ／束）
　色號：綠色系段染線（620）85 g
　　　　杏色系段染（614）45 g

作法

1 進行莉莉安編織，製作約150cm（100段）
　　的織片A款4條，B款3條。

2 織片縱向並排拼接。

3 分別在上下兩端接上流蘇。

＼織線原寸大小／

Ski Bambi

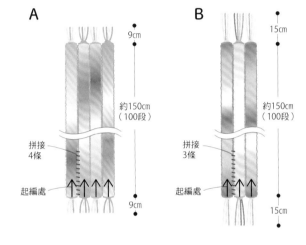

「 流蘇接法 」

A　B

1 在圍巾邊緣接上流蘇。

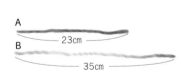

A
23cm
B
35cm

2 A款織線剪16條23cm長的線
　　段，B款織線剪12條35cm長的
　　線段備用。

3 取2條毛線對摺，以手指拉開
　　起編處的針目，如圖穿入毛線
　　對摺處。

4 線圈倒向前方，手指穿入線
　　圈，拉出毛線。

5 下拉線頭，收緊線圈。

6 A款上下兩端共8處，B款上下
　　兩端共6處接上流蘇。

三股編圍巾 P.13

完成尺寸　A・B・C…長105cm

毛線

A 線材名稱：Ski天使のファー（40g／球）
　色號：粉紅色（27）40g
　線材名稱：Ski Melange超極太（40g／球）
　色號：白色（2501）、灰色（2509）各25g
　★各取1條，以雙線編織
B 線材名稱：Ski Bambi（50g／束）
　色號：紫色系段染線（617）100g
　★取3條線編織
C 線材名稱：Ski天使のファー（40g／球）
　色號：粉紅色（27）40g
　線材名稱：Ski Bambi（50g／束）
　色號：卡其×紫色系段染線（618）70g
　★取1條天使のファー、2條Ski Bambi進行編織

段數

Ski天使のファー（取雙線）…100段
Ski Melange超極太…110段
Ski Bambi…90段
★取兩股線編織的作法見P.63

＼織線原寸大小／

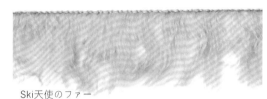

Ski天使のファー

Ski Melange超極太・白色

Ski Melange超極太・灰色

Ski Bambi

作法

1 進行莉莉安編織，製作約150cm（參照段數說明）的織片3條。兩端線頭留下備用。

2 3條織片作三股編，再固定兩端，分別打單結。

［固定方法］

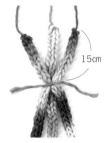

1 將三條織片疊合，取一段毛線，在距離邊緣15cm處打平結綁起。

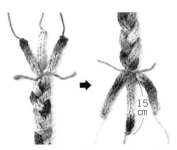

2 三條織片進行三股編。尾端也是距離邊緣15cm處以線打平結綁起。

3 15cm長的三條織片邊端分別打單結，作成圓球狀。

4 為了避免打結處鬆開，將編織時的線頭穿針，縫合固定線結球。

5 綁起三條織片的平結毛線同樣穿針，縫合固定，讓打結處更加牢固。

6 多餘的線頭穿入織片藏線。

這點很容易！
藉著拼接更多織片，就
能作出寬幅的作品。

披 肩

使用膚觸輕柔的幼羊駝毛線來編織，
作出柔軟的披肩。
以8條織片連接而成。

Design　岡本真希子
HOW TO MAKE　P.17

披肩　P.16

毛線

線材名稱：Puppy Alpaca Mollis（40g／球）
色號：藍色（911）160g

\織線原寸大小/

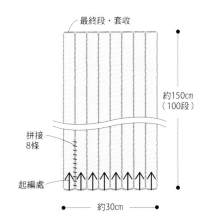

作法

① 進行莉莉安編織，製作8條約150cm（100段）的織片。

② 最終段以套收方式收尾。

③ 拼接8條織片。

最終段・套收

約150cm
（100段）

拼接
8條

起編處

約30cm

〔套收作法〕

基本收尾　　套收

套收是用於固定針目的收編方式之
一。織片的邊端不是圓弧狀，而是
呈現平直的模樣。

1 編織必要段數，留下20cm的
線段後剪線。

2 取下與線頭相反，掛在另一側
手指上的線。

3 將取下的線圈掛至相鄰的手指
上。

4 將原本掛在手指的線，從步驟
3 掛上的線圈下方穿出，取
下針目。以相同作法重複掛在
相鄰手指，再取下針目的動
作，直到小指。

小指的線

5 線頭穿入最後掛在小指的線圈，
收緊線圈即完成。

這點很容易！
只是在織成筒狀的莉莉安織片中穿入彈性繩而已！

髮 圈

成品氛圍會依使用的織線而有所不同，
變換顏色和線材種類製作許多個也不錯。
想要作出更有分量感的髮圈時，
不妨增加編織段數，作出長長的織片吧！

Design 岡本真希子
HOW TO MAKE P.20

胸花

以段染線編織的漸變色彩美麗胸針。
A款僅使用一條織片捲繞固定，
作出花朵的形狀。
B款則是將三條不同長度的織片捲成圓形，
以捲針縫連接完成。

Design　岡本真希子
HOW TO MAKE　P.21

這點很容易！
利用餘下的線頭固定織片即
可。既不浪費線材，還能輕
鬆省去處理線頭的步驟。

A

B

完成尺寸　直徑12cm

毛線

線材名稱：Ski Primo Chai（40ｇ／球）

色號：**A**…綠色（4405）

　　　B…白色（4401）

　　　C…褐色（4402）

　　　D…粉紅色（4403）各12ｇ

其他材料

髮用彈性繩各20cm

挑選線材的技巧

使用帶有長長絨毛的毛線，穿入織片中的彈性繩就不會顯眼。

織線原寸大小

綠色

白色

褐色

粉紅色

作法

1 進行莉莉安編織，製作約60cm長（70段）的織片。織片不拉緊，直接維持原樣使用即可。僅一邊的線頭進行藏線。

2 織片兩端以捲針縫接合固定。為了避免日後鬆開，挑縫4至5處確實作捲針縫。

3 織片接縫成圓圈狀的模樣。

4 將彈性繩穿入織片中。

5 繞一圈後將彈性繩打結。

6 將彈性繩的繩結藏入織片中即完成。

20

胸花　P.19

◇·◇

毛線

A 線材名稱：Puppy Multico（40 g／球）
　 色號：粉紅色系段染線（578）8 g
B 線材名稱：Puppy Multico（40 g／球）
　 色號：藍色系段染線（575）10 g

● 其他材料
長4.6cm的別針座各1個

＼織線原寸大小／

粉紅色系段染線

藍色系段染線

作法　A

① 進行莉莉安編織，製作約110 cm（65段）的織片，兩端線頭皆留下。

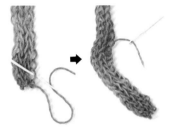

② 尾端線頭穿針，如圖示往回挑12段針目。

③ 拉線收緊，織片如圖捲成圓形。此即為花朵中心。

④ 餘下織片如圖示，依序繞出六個花瓣線圈。捲繞時為了避免拉扯變形，同步將中心和花瓣線圈縫合固定。

⑤ 使用另一端的線頭，再次縫合中心與花瓣加強固定。

⑥ 背面接縫胸針固定即完成。

作法　B

① 進行莉莉安編織，製作2條約45cm（25段），1條約55cm（35段）的織片。皆是單邊線頭收尾即可。

② 從藏線端開始捲起織片，如圖成圓形，線頭穿針，縫合固定。以相同方式作出3朵花。

③ 另取一段線，從背面將3朵花縫合固定。再接縫別針座即完成。

這點很容易！

兩款相較，B款的難易度更加簡單，只要編織一條織片就OK。將長長的織片來回摺起，接著只要依序接合而已。

A

B

毛球帽

乍看之下好像很困難，
但不論哪一款，
實際製作就會發現意外的簡單。
A款是將不同長度的織片接成三角形。
B款是將一條長長的織片螺旋狀接縫而成。

Design　岡本真希子
HOW TO MAKE　P.23（A）P.24（B）

可將帽口反摺
作為裝飾。
也可運用反摺的多寡
來調整帽子深度。

毛球帽 A　P.22

毛線

線材名稱：Puppy MAURICE（50 g／球）
色號：紫色系段染線（647）70 g

\織線原寸大小／

作法

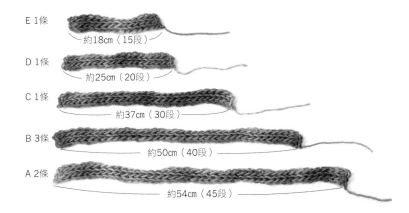

E 1條
　約18cm（15段）

D 1條
　約25cm（20段）

C 1條
　約37cm（30段）

B 3條
　約50cm（40段）

A 2條
　約54cm（45段）

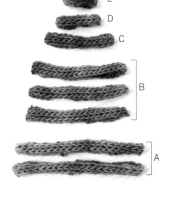

E
D
C
B
A

1 進行莉莉安編織，製作2條約54cm（45段）、3條約50cm（40段）、1條約37cm（30段）、1條約25cm（20段）、1條約18cm（15段）的織片，皆單邊藏線即可。

2 線頭穿針，分別將8條織片兩端以捲針縫縫合成圈。為了避免之後鬆開，每條都在4、5處確實接縫。

・A與B接縫8段後，
　A跳過1段再繼續接縫。
・B與C接縫3段後，
　B跳過1段再繼續接縫。
・C與D接縫2段後，
　C跳過1段再繼續接縫。
・D與E接縫3段後，
　D跳過1段再繼續接縫。

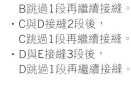

10 cm
1cm
8cm
10cm

3 開始拼接已接合成圈的8條織片。在接合段數不同的織片時，較長的那條要以一定的間隔跳過1段不縫，以此方式縮短長度來拼接。
★拼接方式見P.42

4 另取織線穿針，沿帽頂的E織片邊端挑縫一圈，縮口束緊，打結後將線頭穿入帽子內側藏線即可。

5 取織線在紙板上捲繞70次，製作毛球。將毛球的束線穿入帽頂，在內側打結固定。
★毛球作法見P.25

毛球帽 B　P.22

◇◈◇◈◇◈◇◈◇◈◇◈◇◈◇◈◇◈◇◈◇◈◇◈◇◈◇◈◇◈◇◈◇◈

毛線

線材名稱：Ski Melange超極太（40 g／球）
色號：灰色（2509）70 g

\織線原寸大小/

作法　＊為了讓説明更加容易理解，示範縫線特意使用不同顏色。

① 進行莉莉安編織，製作約300 cm（240段）的織片。兩端收針藏線。

接縫
約22cm

② 在距離織片邊端約22cm處反摺，如圖示於邊端的位置再反摺。從邊端開始接縫織片。

③ 一對一段進行接縫，縫合時注意維持織片平整，不扭曲的接縫至最後。

接縫終點
接縫起點

④ 織片以螺旋狀接合成筒狀。

接縫終點

⑤ 將織片接縫終點調整至脇邊的位置。

⑥ 帽頂以織線縫合。

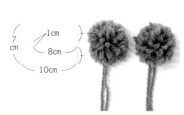
7 cm　1cm　8cm　10cm

⑦ 取織線在紙板上捲繞30次，製作兩個毛球。
★毛球作法見P.25

⑧ 將毛球的束線穿入帽頂一端的轉角，在內側打結固定。

⑨ 在另一端的轉角也接上毛球。完成！

⟦ 毛球作法 ⟧ ＊為了讓說明更加容易理解，示範的綁線特意使用不同顏色。

1 將厚紙板剪成指定尺寸，完成紙型的製作。

2 織線依作法的指定次數捲繞。

3 另取線段在中心綁起固定。線端如圖在綁起的結上繞線2圈，束緊後再打平結就能確實固定。

4 將紙型上下端的線圈剪開。

5 以剪刀修剪成圓形。

6 完成毛球。

小小訣竅

若是將撚製的毛線鬆開，就能作出更蓬鬆的毛球。請依個人喜好來試試吧！

藉由調整織片長度和反摺的位置，就能作出尺寸適合的帽子。不妨作頂孩子用的帽子，來個親子裝也不錯呢！

25

花朵坐墊

作為較容易摩損的坐墊，
使用強韌的壓克力線編織就能長久使用。
花瓣的部分在途中改換了色線，
作成雙色正是設計重點。

Design　大人手芸部
HOW TO MAKE　P.27

A

B

這點很容易！
將7條織片捲成圓形，
再以捲針縫接合就能
作成花形。

26

花朵坐墊 P.26

完成尺寸 直徑36㎝

毛線

A 線材名稱：Hamanaka Jan Bonny（50 g／球）
　色號：玫瑰粉（7）95 g
　　　　粉紅色（33）50 g
　　　　黃色（11）25 g
B 線材名稱：Hamanaka Jan Bonny（50 g／球）
　色號：灰粉紅（10）95 g
　　　　芥末黃（24）50 g
　　　　黃色（11）25 g

挑選線材的技巧

壓克力毛線色號豐富，而且堅韌耐洗不縮水，乾的也快！

織線原寸大小

玫瑰粉

粉紅色

黃色

灰粉紅

芥末黃

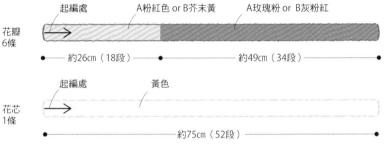

花瓣
6條

起編處　　A粉紅色 or B芥末黃　　A玫瑰粉 or B灰粉紅

約26cm（18段）　　　　約49cm（34段）

花芯
1條

起編處　　黃色

約75cm（52段）

作法

＊為了讓說明更加容易理解，示範縫線特意使用不同顏色。

花瓣

起編處

1 參照圖示進行莉莉安編織，織18段後改換色線編織的花瓣共6條，以及1條花芯。所有線頭進行藏線。

2 將花瓣織片捲繞成圓形。

3 一邊捲繞成圓形，一邊另取織線在背面進行捲針縫固定。

4 以相同作法製作6片花瓣和1片花芯。

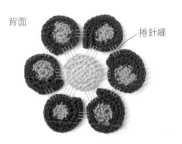

背面　　　　　　　　　捲針縫

5 在花芯周圍放上花瓣。另取織線在背面以捲針縫固定。

正面

6 完成。

這點很容易！

編出長條織片後，縫製的方式非常簡單。使用織片兩端打結成束，再藏線固定即可。

繞啊繞啊的圍脖

將一條長長的織片繞啊繞啊的捲成圓圈狀，
就是有著足夠分量感的圍脖。
三色毛線各使用一球編織。

Design　岸 睦子
HOW TO MAKE　P.30

毛 線

線材名稱：HAMANAKA Of Course！Big（50g／球）
色號：深藍色（108）
　　　藍綠色（117）
　　　灰色（107）各1球

\ 織線原寸大小 /

深藍色

藍綠色

灰色

作 法

起編處

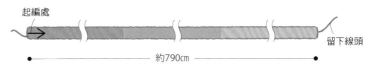

留下線頭

約790㎝

1球編織基準為182段

① 進行莉莉安編織，依深藍色、藍綠色和灰色的順序接線，分別使用1整球編織，直到3球全部織完為止。

② 整理織片，如圖示繞成12圈。捲繞圈數可依織片長度來進行增減的調整。

18cm　18cm

③ 織片兩端預留18㎝長的織段。

④ 預留的兩端織段在內側打結。

平結

⑤ 接著將繞成圈的織片整束綁起，在織片外側再打一次平結。

⑥ 線頭穿針，穿入步驟④的平結內側縫合固定。

⑦ 完成。

可以織成
平面喔！

平面編

不同於織片形成筒狀的莉莉安編織，
平面編能夠作出平坦的織片。
織片分為正面和背面，
如同國字「八」顛倒過來排列的針目為正面。
織片有著左右兩側容易往內側捲起的特徵。

平面編

◇‧◇‧◇‧◇‧◇‧◇‧◇‧◇‧◇‧◇‧◇‧◇‧◇‧◇‧◇‧◇‧◇‧◇‧◇‧◇

1
在手指上掛線

1 織線在左手大拇指上打單結。

2 線球端依序經過食指前面、中指後面、無名指前面和小指後面。

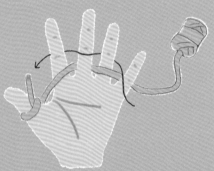

3 繞至小指前面之後,依無名指後面、中指前面、食指後面的順序,將織線往回繞。

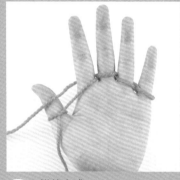

4 掛線完成。

2
編織第一段

1 將線球端拉直,橫放在掛線的4隻手指上。

2 拉住掛在食指上的線。

3 拉起織線穿過手指，將織線翻至手指後方。編好食指織線的模樣。

4 以相同作法依序拉起掛在中指、無名指和小指的織線，翻至手指後方。

5 完成第一段的編織。

3

編織
第二段

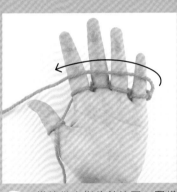

1 織線從小指往前拉回，同樣橫放在手指掛線的上方。

2 這次從小指開始，拉起織線穿過手指，翻至手指後方。

3 織線往後方掛好的模樣。

4 編好小指織線的模樣。以相同作法依序拉起掛在無名指、中指、食指的織線，翻至手指後方。

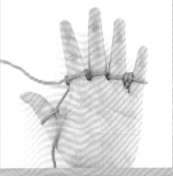

5 完成第二段的編織。第三段織法同第一段，第四段織法同第二段。

平面編

4 編織必要段數

1 編織數段後,即可鬆開拇指的織線。編好的織片會垂在手背後方。

2 編織必要段數後開始收尾。留下20cm左右的線段後,剪斷織線。

5 編織終點的收尾

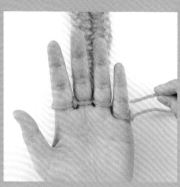

1 將線頭穿入掛在手指的織線。

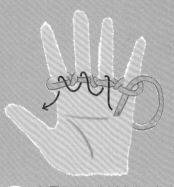

2 如圖示從小指到食指,依序由上往下繞線穿入。

3 穿過食指之後,取下掛在手指上的織線。

正面
兩側會捲起

4 從起編處按順序拉緊織片。織片一但拉緊,左右兩側會呈現往織片內側捲起的模樣。

5 完成平面編。

6

處理線頭
進行藏線

1 線頭以透明膠帶捲起,將前端作成細而堅硬的模樣。線頭從邊端針目穿入。

2 穿入約10cm左右後剪線,另一端也以相同作法處理。

7

織片的
拼接方式

為了容易理解,拼接的織線特意使用不同顏色來示範。

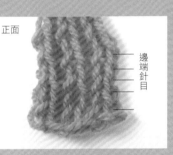

正面
邊端針目

1 在織片的邊端針目作捲針縫,接合兩條織片。捲起的邊端以手拉平就容易看清針目。

2 縫線穿針,分別挑起兩織片第一段的針目,穿針拉線。

3 為了加強起始的連接處避免鬆開,在同一處針目重覆加縫一針。

4 一對一段挑起針目,以縫線連接,進行捲針縫。

5 最後一段同樣為了避免縫線鬆開,在同一針目縫兩次。線頭穿入織片中收尾即可。

這點很容易！

只要拼接四條織片就作好了。由於是很容易的作法，即使是初次挑戰平面編的新手也適合。

雙色圍巾

織片互相錯開接縫，兩端特意不對齊的可愛圍巾。
使用兩種大地自然色系編織而成，
無論什麼樣的服裝都適合。

Design 岸 睦子
HOW TO MAKE P.38

雙色披肩

將P.36的圍巾加以變化。
增加織片數量，
作成了寬版的披肩。
使用別針固定。

Design　岸 睦子
HOW TO MAKE　P.39

這點很容易！
十分簡單的變化。只要
改變織片長度和拼接的
數量，就能作成寬版的
披肩。

雙色圍巾 P.36

完成尺寸　寬16×長120cm

毛線

線材名稱：Hamanaka Sonomono＜超極太＞（40 g ／球）
色號：原色系（14）
　　　褐色系（15）各55 g

\ 織線原寸大小 /

原色系

褐色系

作法

1 以平面編製作4片約110cm（132段）的織片。

2 最終段進行套收。
★套收作法見P.17

3 參照圖示，交錯10cm接縫4片織片。

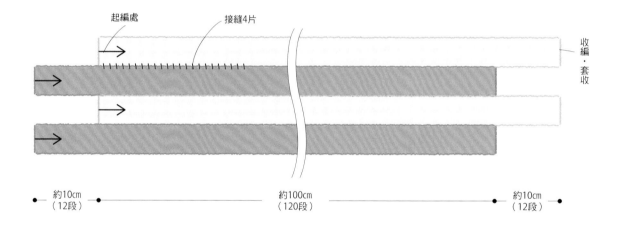

起編處　　　　　接縫4片

收編・套收

約10cm
（12段）

約100cm
（120段）

約10cm
（12段）

小小
訣竅

**讓成品更美觀的
小技巧**

作品完成之後，使用有著大量
蒸氣的熨斗，稍微距離織片進
行熨燙吧！織線會因為蒸氣而
蓬鬆，針目也會不可思議的呈
現漂亮又整齊的模樣。請一定
要試看看。

38

雙色披肩 P.37

完成尺寸　寬32×長100cm

◇〜◇〜◇〜◇〜◇〜◇〜◇〜◇〜◇〜◇〜◇〜◇〜◇〜◇〜◇〜◇〜◇〜◇〜◇

毛　線

線材名稱：Hamanaka Sonomono＜超極太＞（40ｇ／球）
色號：杏色（12）
　　　褐色（13）各80ｇ

\ 織線原寸大小 /

杏色

棕色

作　法

① 以平面編製作8片約90cm（108段）的織片。

② 最終段以套收方式收尾。
　★套收作法見P.17

③ 參照圖示，交錯10cm接縫8片織片。

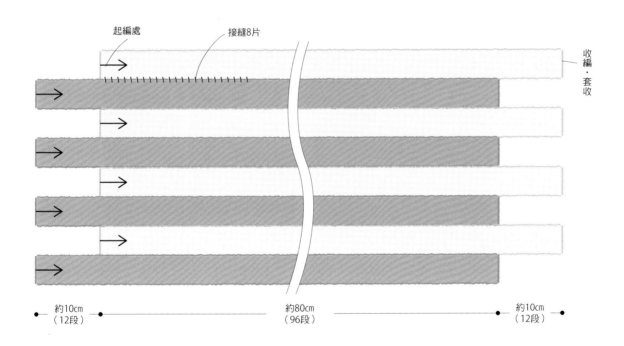

起編處　　　　接縫8片　　　　　　　　　　　　　　　　　　　　　　收編・套收

約10cm　　　　　　　　　　約80cm　　　　　　　　　約10cm
（12段）　　　　　　　　　（96段）　　　　　　　　　（12段）

迷你小包

有著三股編提把的可愛包款。
袋口的刺繡滾邊同時也具補強作用，
可以讓成品更堅固。
接縫段數不同的織片，
則是這堂課要學習的重點。

Design 岸 睦子
HOW TO MAKE P.42

這點很容易！
圓形袋底也是以平面編織片製作。在織片邊緣挑縫，縮口束緊即成圓形。

使用相同線材不同顏色的包包。試著以北歐風的色系來配色。
色號：水藍色（108）、黃色（103）

迷你小包 P.40

◇━

毛線

線材名稱：Puppy Puli（50g／球）
色號：深粉紅（105）90g
　　　白色（102）50g

\織線原寸大小/

深粉紅

白色

作法　＊為了讓說明更加容易理解，示範縫線特意使用不同顏色。

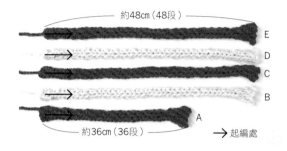

約48cm（48段）
E
D
C
B
A
約36cm（36段）
→ 起編處

1 以平面編製作5片織片。
僅單邊進行藏線。
・約48cm（48段）…深粉紅2片、白色2片
・約36cm（36段）…深粉紅1片

2 線頭穿針，將織片兩端以捲針縫縫合成圈。為了避免之後鬆開，每條都要在4、5處確實接縫。

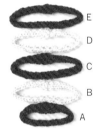

E
D
C
B
A

3 拼接已接合成圈的5條織片。

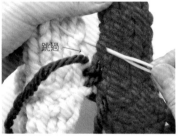

跳過

4 首先縫合A和B。由於段數不同，因此參照左下插圖，捲針縫3段後，B跳過1段不挑縫，一邊縮縫一邊接合。

跳過

3段

B　　A

5 完成接縫的A和B。

袋口
E
D
C
B
A
袋底

6 從下方開始依序接縫其餘織片。B至E織片段數皆相同，一對一段作捲針縫接合即可。

7 另取織線穿針，沿織片A的邊緣（袋底）挑一針跳過一針，穿線一圈。

8 拉線打結，縮口束緊。

9 完成袋底。線頭從袋底中心穿至本體內側，藏線後剪斷。

10 參照右方插圖，取白色線在袋口作刺繡。

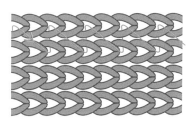

每4個針目中，如上圖僅挑縫2針。刺繡之後能讓袋口變得更堅固。

3.5cm

11 將織線剪成60cm長的線段12條。6條一束，在距離邊端3.5cm處打結。2束分別作三股編。

3.5cm ─ 約30cm ─ 3.5cm

12 編織約30cm的三股編後打結，距離打結3.5cm處剪齊。以相同方式再作一條提把。

約12cm　捲針縫

13 如圖示，以捲針縫在本體接縫提把。

14 完成。

圈圈連接的圍巾

如同紙藝手作的圓圈裝飾般，
將數個短織片接連而成。
使用直線紗編織，
就能呈現出俐落清晰的圓圈形狀。

Design 岡本真希子
HOW TO MAKE P.45

A

B

這點很容易！

使用長毛的花式紗來編織，
就可以不用在意針目的進行
捲針縫。長長的毛足會遮掩
縫合處，使接縫不明顯。

圈圈連接的圍巾 P.44

◇─◇─◇─◇─◇─◇─◇─◇─◇─◇─◇─◇─◇─◇─◇─◇─◇─◇─◇

毛線

A 線材名稱：Ski Fantasia Norn（40ｇ／球）
　色號：紫紅色（3206）40ｇ
B 線材名稱：Ski天使のファー＜段染＞（40ｇ／球）
　色號：黑白色系段染（112）35ｇ

＼織線原寸大小／

Ski Fantasia Norn

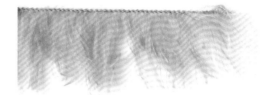

Ski天使のファー＜段染＞

作法　A

B取兩股線，編織約20cm（20段）的織片11片。接法和A相同。　★取兩股線編織的作法見P.63

1 以平面編製作約18cm（20段）的織片15片，僅進行單邊線頭的處理。

2 線頭穿針，織片兩端以捲針縫縫合成圈。為了避免鬆開，每條都要在4、5處確實接縫。

3 織片接縫成圓圈的模樣。

4 將下一條織片穿入圓圈中，再以捲針縫固定。

5 兩織片圓圈接合的模樣。

6 將15片織片以同樣作法接成相連的圓圈，完成。

45

抱枕套

若想擁有長久耐用的抱枕套，
推薦挑選具有彈性又堅韌實在的線材。
試著使用壓克力線材來編織。
並且在四角加上流蘇當作點綴。

Design 岸 睦子
HOW TO MAKE P.47

這點很容易！
將16片織片連接成筒狀，上下再作捲針縫，最後接上流蘇就完成了。

抱枕套　P.46

完成尺寸　40×40cm

毛 線

線材名稱：Hamanaka Jan Bonny（50 g ／球）
色號：水藍色（14）50 g、天藍色（15）80 g、
　　　藍色（34）80 g、群青色（16）50 g

●其他材料
40cm方型抱枕枕心

作 法

1 參照圖示，以各色製作約40cm（40段）的
平面編織片，共16片。
起編處，亦即拇指打結前預留約80cm的線段。
編織終點進行藏線處理。

2 以預留的80cm線段，拼縫相鄰織片。

3 將左右兩端（●至▲）連接，接合成筒狀。

4 織片下緣進行捲針縫縫合。

5 從上方放入抱枕枕心，再進行織片上緣的捲針縫。

6 四色織線各作一個流蘇。
★流蘇作法見P.48

7 流蘇綁繩分別穿入抱枕的四角，打結固定。
線結和線頭拉至針目內側藏起。

\織線原寸大小/

水藍色…a

天藍色…b

藍色…c

群青色…d

挑選線材的技巧
織片為直立並排設計時，
利用深淺色調來配色就能
完成漂亮的漸層效果。

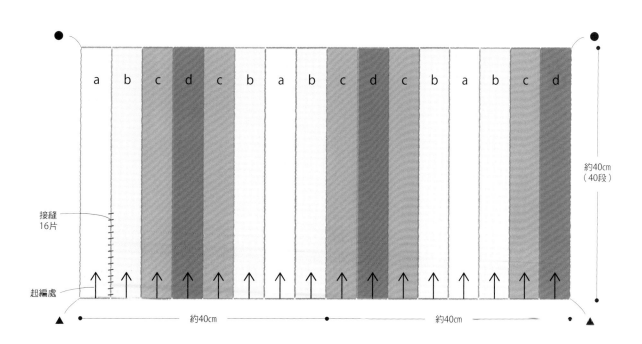

接縫
16片

起編處

約40cm

約40cm

約40cm
（40段）

抱枕套 P.46

[流蘇作法]

＊為了讓説明更加容易理解，示範的綁線特意使用不同顏色。
4色織線各作一個。

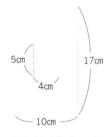

1 將厚紙板剪成指定尺寸，作為紙型。中央如圖示裁下。

2 織線在紙板上捲繞6次。

3 另取線段穿入紙板中央，捆綁織線，鬆鬆地打結成束。綁繩線頭在結上繞線兩次，拉緊後打上平結，就能牢牢地固定。

4 將紙型上下端的線圈剪開。

5 剪開的模樣。

6 將綁繩線頭調整至上方，流蘇整理至下方。

7 另取別線束緊流蘇上方。打結方法同步驟 **3** 。

8 將線頭穿入線結內側。

9 將流蘇剪齊成7cm，完成。

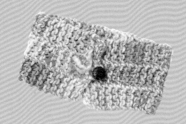

可以編得
牢固！

起伏編

編織時從手指取下編織線，
再重新掛回去的編法為製作要點。
相較於其他的編法比較花時間，
但是卻能夠作出像平面編一般平坦，
左右兩側也不會捲起的結實織片。
橫紋般排列的針目，
不分正、反面都是相同模樣。

起伏編

1 在手指上掛線

1 織線在左手大拇指上打單結。

2 線球端依序經過食指前面、中指後面、無名指前面和小指後面。

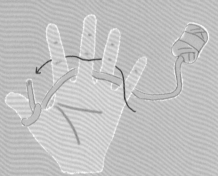

3 接著再繞回小指前面,依無名指後面、中指前面、食指後面的順序掛線。

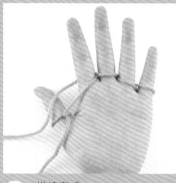

4 掛線完成。

2 編織第一段

1 將線球端拉直,橫放在掛線的4隻手指上。

2 拉起掛在食指上的線,穿過手指,翻至手指後方。

③ 編好食指織線的模樣。

④ 以相同作法，依序拉起掛在中指、無名指和小指的織線，翻至手指後方。

⑤ 完成第一段的編織。

③

編　織
第　二　段

① 將線球端拉直，橫放在掛線的4隻手指下方。

② 手指穿入掛在小指上的織線，拉起橫放的編織線。

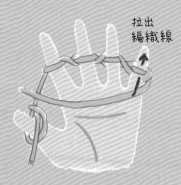

拉出
編織線

拉出來的
編織線

③ 維持拿著拉出來的編織線，取下掛在小指上的針目。

起伏編

④ 從小指後方掛上拉出的編織線。

⑤ 無名指也和小指一樣，拉出編織線後，取下掛在無名指上的針目，從後方掛上拉出的編織線。

⑥ 中指、食指同樣拉出編織線，取下掛在指上的針目，再從後方掛上。完成第二段。

4
編織必要段數

① 第三段織法同第一段，第四段織法同第二段。編織數段後，取下拇指上的織線，編好的織片會垂在手背後方。

② 編織必要段數後開始收尾。留下20cm左右的線段後，剪斷。

5
編織終點的收尾

① 將線頭穿入掛在手指的織線。

② 如圖示從小指到食指，依序由上往下繞線穿入。

③ 穿過食指之後，取下掛在手指上的織線。

④ 從編織起點開始，按順序拉緊織片。拉緊之後，就會形成平坦的織片。

⑤ 完成起伏編。

6

處理線頭進行藏線

① 線頭以透明膠帶捲起，將前端作成細而堅硬的模樣。將線頭穿入織片邊緣針目的內側。

② 穿入約10cm後剪線。另一端的線頭也以相同作法處理。

7

織片的拼接方式

為了容易理解，拼接的織線特意使用不同顏色來示範。

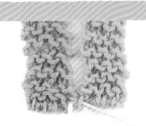

① 在織片的邊端針目作捲針縫，接合兩條織片。為了加強第一段的連接處避免鬆開，在同一針目挑縫兩次。

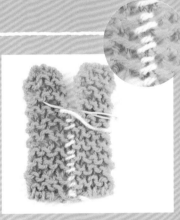

② 一對一段挑起針目，進行捲針縫。最後一段同樣為了避免縫線鬆開，在同一針目挑縫兩次。線頭穿入織片中收尾即可。

A

這點很容易！
利用餘下的三條線頭，
作成三股編的鈕環。

B

圍 脖

貼合脖子的適當尺寸，
令人感到溫暖的圍脖。
將三片起伏編的織片接合，
即可作出寬度。

Design 岸 睦子
HOW TO MAKE P.55

圍脖 P.54

完成尺寸　寬12×長60cm

◇○◇

毛 線

線材名稱：Hamanaka Paquet（100g／球）
色號：A…粉紅色系段染線（1）
　　　B…灰色系段染線（8）各60g

⚫其他材料
直徑2.5cm的鈕釦各1個

\織線原寸大小/

粉紅色系段染線

灰色系段染線

作 法

1　以起伏編製作約60cm（76段）的織片3片。

2　最終段以套收方式收尾，
　　但留下線頭不處理。
　　★套收作法見P.17

3　接縫三片織片。

4　利用餘下的線頭作成釦環。

5　接縫鈕釦即完成。

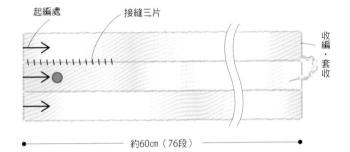

起編處　　　接縫三片　　　　　　　　　　收編·套收

約60cm（76段）

〚 釦 環 作 法 〛

1　將上下兩條線頭穿入針目，集中至中間的線頭處。

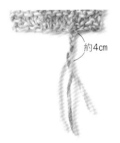

約4cm

2　三條線頭作成約4cm的三股編。

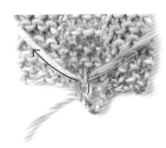

3　左右兩條線交叉穿入正中央的針目，留下一條線。

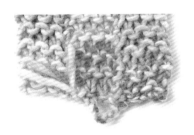

4　三條線一起打單結。完成釦環。

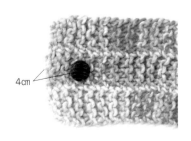

4cm

5　在織片另一端，距離邊緣4cm處接縫鈕釦。

6　完成。

手套

預留伸出大拇指的開口，
接縫5片織片就製作完成。
由於是取兩股線來進行編織，
能夠作出厚實的成品。

Design　岡本真希子
HOW TO MAKE　P.57

這點很容易！
在上下兩端接縫莉莉安編織的
織片，就能輕鬆包覆手套口，
作出滾邊般的裝飾效果。

手套 P.56

完成尺寸　手圍25×長20cm

毛線

線材名稱：Puppy MAURICE（50 g／球）
色號：紅色系段染（646）100 g

\織線原寸大小/

作法

＊為了讓説明更加容易理解，示範縫線特意使用不同顏色。

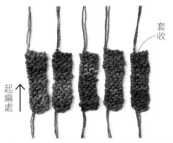

套收

起編處↑

① 取兩股線編織起伏編，製作約16cm（22段）的5片織片。最終段以套收方式收尾。
★取兩股線編織的作法見P.63
★套收作法見P.17

② 接縫5片織片。拼接的縫線亦可使用起編的線頭，收邊處線頭則是藏線處理。

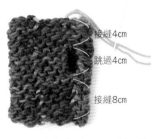

接縫4cm
跳過4cm
接縫8cm

③ 預留伸出拇指的4cm不縫，將織片左右兩側接縫成筒狀。

④ 以莉莉安編織製作2條約25cm（20段）的織片。僅單邊進行藏線。

⑤ 以④的線頭接合織片兩端，以捲針縫接合成圈。

⑥ 手套本體開口與莉莉安編織的織片接縫一圈。

⑦ 在本體挑山狀凸起處的針目、莉莉安織片則是挑倒八字處的針目，一目對一段進行接縫。

⑧ 接縫莉莉安織片的模樣。下方開口同樣接縫莉莉安織片。

⑨ 重複①至⑧的作法，完成另一隻手套。

這點很容易！
編好長長的織片後，只是將織片來回反摺接縫成螺旋狀而已。接縫方式和P.24的帽子一樣。

螺 旋 狀 的 甜 甜 圈 圍 巾

有著粗細變化的「竹節紗」
與直線紗組合成的甜甜圈圍巾。
試著以竹節紗編織看看吧！
線材較粗的部分會呈現凹凸隆起的模樣，
能夠享受織片變化帶來的樂趣。

Design　岡本真希子
HOW TO MAKE　P.59

螺旋狀的甜甜圈圍巾 P.58

◇・◇・◇・◇・◇・◇・◇・◇・◇・◇・◇・◇・◇・◇・◇・◇・◇・◇・◇・◇

毛 線

線材名稱：Hamanaka Sonomono Slub
　　　　　＜超極太＞（40g／球）
色號：褐色（33）80g
線材名稱：Hamanaka Sonomono
　　　　　＜超極太＞（40g／球）
色號：茶色（15）80g

\ 織線原寸大小 /

Hamanaka Sonomono Slub＜超極太＞…a

Hamanaka Sonomono＜超極太＞…b

起編處

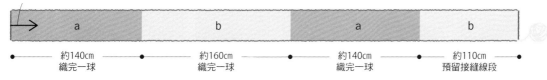

| a | b | a | b |

約140cm
織完一球

約160cm
織完一球

約140cm
織完一球

約110cm
預留接縫線段

一球的編織基準長度為a…170段、b…190段

作 法

① 一邊接線一邊編織三球分的起伏編。第四球留下約織片整體長度的2倍線段後收編，進行藏線。

接縫

約50cm

② 在距離織片邊端約50cm處反摺，如圖示於邊端的位置再反摺。使用預留的織線，從邊端開始接縫織片。

③ 一對一段接縫反摺的織片，以螺旋狀接縫織片。完成。

膝上毯

熟悉起伏編之後，
來挑戰稍微大型一點的膝上毯吧！
在四邊都加上流蘇，
就能將完成度提升到根本看不出來
是以手指編織的成品。

Design　岸 睦子
HOW TO MAKE　P.62

這點很容易！

5條織片接縫成一個織塊，合計以6片織塊拼接製成。利用零碎的空閒時間一片片製作累積，就會很有效率。

膝上毯 P.60

完成尺寸　高60x寬90cm（不含流蘇）

毛 線

線材名稱：Puppy MAURICE（50g／球）
色號：綠色系段染（644）
　　　橘色系段染（645）各245g

織線原寸大小

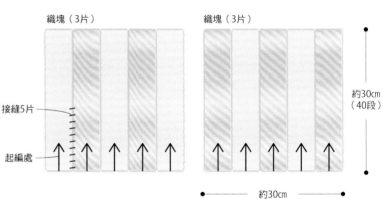

綠色系段染

橘色系段染

作 法

① 取2股線編織。以起伏編製作15片
約30cm（40段）的綠色系段染織片、
15片橘色系段染織片。
起編處在拇指上打結的織線，
其中一條預留80cm。
編織終點的線頭進行藏線處理。
★取兩股線編織的作法見P.63

② 分別以預留的80cm線段
接縫5片織片，製作6片織塊。

③ 參照示意圖，
接縫6片織塊。

④ 接上流蘇。
★流蘇接法見P.63

織塊（3片）　　　　　織塊（3片）

接縫5片

起編處

約30cm
（40段）

約30cm

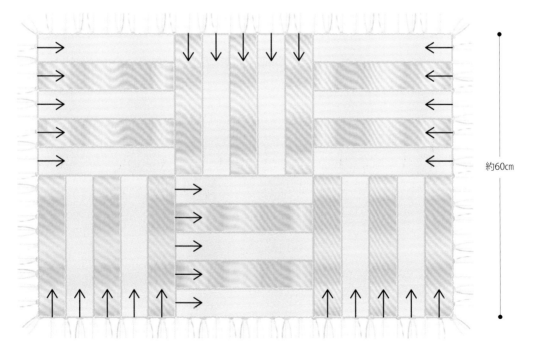

約60cm

約90cm

62

〖 取 兩 股 線 編 織 的 作 法 〗

1 從線球中心取出線頭與外側的線頭2條對齊。

2 編織方法同使用一條織線時相同，將兩條線合起來一起編織。

3 編完一整個線球的模樣。線頭處成對摺狀。

4 需要接線時，將新線球的織線穿入線圈。

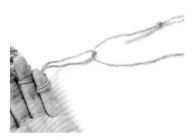

5 穿入的織線和線球另一端的線頭打結，將線連起。

6 繼續編織的模樣，線結藏在織片中。

〖 流 蘇 的 接 法 〗

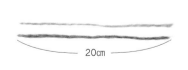

— 20cm —

1 綠色系段染線和橘色系段染線各剪20m長，兩色分別準備100條。

2 將兩條線對摺，拉開織片邊端針目，如圖示穿入。

3 將織線穿入對摺線圈，下拉收緊固定。如此就接好長8cm的流蘇。

【Knit・愛鉤織】60

免工具！手指就能編織的可愛實用小物

作　　者／日本VOGUE社
發 行 人／詹慶和
總 編 輯／蔡麗玲
執行編輯／蔡毓玲
編　　輯／劉蕙寧・黃璟安・陳姿伶・李宛真・陳昕儀
執行美編／陳麗娜
美術編輯／周盈汝・韓欣恬
出 版 者／雅書堂文化事業有限公司
發 行 者／雅書堂文化事業有限公司
郵撥帳號／18225950
戶　　名／雅書堂文化事業有限公司
地　　址／新北市板橋區板新路206號3樓
電　　話／（02）8952-4078
傳　　真／（02）8952-4084
網　　址／www.elegantbooks.com.tw
電子郵件／elegantbooks@msa.hinet.net

2019年2月初版一刷　定價 350 元

ICHIBAN YASASHII YUBIAMI NO KOMONO (NV70444)
Copyright © NIHON VOGUE-SHA 2017
All rights reserved.
Photographer: Yukari Shirai, Nobuhiko Honma
Original Japanese edition published in Japan by NIHON VOGUE Corp.
Traditional Chinese translation rights arranged with NIHON VOGUE Corp.
through Keio Cultural Enterprise Co., Ltd.
Traditional Chinese edition copyright © 2019 by Elegant Books Cultural
Enterprise Co., Ltd.

經銷／易可數位行銷股份有限公司
地址／新北市新店區寶橋路235巷6弄3號5樓
電話／(02)8911-0825
傳真／(02)8911-0801

國家圖書館出版品預行編目資料

免工具!手指就能編織的可愛實用小物 / 日本
VOGUE社編著；莊琇雲譯.
-- 初版. -- 新北市：雅書堂文化, 2019.02
　面；　公分. -- (愛鉤織；60)
譯自：いちばんやさしい ゆび編みの小もの
ISBN 978-986-302-477-4 (平裝)

1.編織 2.手工藝

426.4　　　　　　　　　　　108001083

DESIGN&MAKE

岡本真希子
VOUGE編織教師培育學校畢業後，曾任職於毛線製造廠商，現在於《毛糸だま》等手工藝雜誌發表作品，並且在VOUGE學園負責手織講座教學。

岸 睦子
大學畢業後曾為上班族，為了成為織物設計師而進入VOUGE編織教師培育學校就讀。畢業後任職於毛線製造廠商鍛鍊手藝，離職後以自由設計師的身分進行活動。於《毛糸だま》、《すてきにハンドメイド》等眾多手工藝雜誌發表作品中。

大人手藝部
曾經擔任實用書的編輯，之後轉為自由工作者。為妄想手藝部一員。比起親自動手，更喜歡看著手工藝書籍和材料來妄想。作為協助人員，不時參加織物的設計・製作。

STAFF

書籍設計　　周 玉慧
攝影　　　　白井由香里（情境・步驟）、本間伸彥（步驟）
造型　　　　田中まき子
模特兒　　　平地レイ
插圖　　　　下野彰子、フクザワアヤノ
編輯協力　　小林美穗、矢野年江
編輯　　　　加藤麻衣子

素材協力

株式会社 Daidoh International　puppy 事業部
〒101-8619 東京都千代田区外神田3-1-16
Daidoh Limited 大樓3F
http://www.puppyarn.com

HAMANAKA株式会社　京都本社
〒616-8585 京都市右京区花園薮ノ下町2番地之3
http://www.hamanaka.co.jp

株式会社元廣　lifestyle事業部（SKI毛線）
〒103-0007
東京都中央区日本橋浜町2-38-9 浜町TSK大樓7F
http://www.skiyarn.com

攝影協力

アワビーズ
〒151-0051 東京都渋谷區千駄谷3-50-11
明星大樓5F

UTUWA
〒151-0051 東京都渋谷区千駄ケ谷3-50-11
明星大樓1F

LET'S
FINGER
KNITTING
!

LET'S
FINGER
KNITTING
!